Bibliografische Information der Deutschen Nationalbibliothek:

Die Deutsche Bibliothek verzeichnet diese Publikation in der Deutschen Nationalbibliografie; detaillierte bibliografische Daten sind im Internet über http://dnb.d-nb.de/ abrufbar.

Impressum:

Druck und Bindung: Books on Demand GmbH, Norderstedt Germany
ISBN: 978-3-668-10646-8

Dieses Buch bei GRIN:

http://www.grin.com/de/e-book/311540/moderne-umweltschutztechnik-bei-segelyachten-wie-effizient-ist-die-nutzung

Alina Lipp

Moderne Umweltschutztechnik bei Segelyachten. Wie effizient ist die Nutzung alternativer Energien?

GRIN Verlag

Stiftung Universität Hildesheim
Institut für Geographie

WiSe 2013/14

Ringvorlesung: Umwelttechnik

Moderne Umweltschutztechnik bei Segelyachten

Wie effizient ist die Nutzung alternativer Energien?

Hausarbeit

Vorgelegt von:

Alina Lipp
Studiengang: Umweltsicherung
Semester: 1

Abgabedatum: 30.09.2014

Inhaltsverzeichnis

Abbildungen

Tabellen

1 Einleitung

Die Nachfrage unserer Gesellschaft nach Energie nimmt stetig zu. Laufend werden neue technische Innovationen auf den Markt gebracht, die mit Strom betrieben werden. Doch dieser Trend bringt auch eine höhere Umweltbelastung mit sich. Begriffe, wie Klimawandel oder Energiewende, sind fast jedem bekannt. Und dennoch verleitet der menschliche Hang nach Luxus und Bequemlichkeit zur Anschaffung neuer technischer Geräte.
So nahm in den letzten Jahren auch der Stromverbrauch auf Segelyachten zu. Zusätzlich zu den zwingend erforderlichen Stromverbrauchern wie der Beleuchtung, kommen heut zu tage auch Navigationsgeräte wie GPS-Geräte, Windinstrumente und Echolote hinzu. Außerdem möchten viele Skipper den Luxus von zu Hause auch an Bord nutzen: immer häufiger werden auf Segelbooten Elektrogeräte, wie Kühlschränke, oder Elektroherde, verbaut. Doch das erfordert eine Menge Strom. Gerade auf hoher See kann dies zum Problem werden, wenn keine Häfen zum Aufladen der Batterien angelaufen werden können.
Egal ob auf See oder an Land – die Nachfrage nach elektrischer Energie steigt. Hierbei muss beachtet werden, dass bei elektrischen Geräten zwar lokal keine umweltbelastenden Emissionen entstehen, wohl aber bei der Erzeugung des Stroms. Bisher wurde dieser hauptsächlich durch die mittlerweile umstrittene Atomenergie gewonnen.
Da nun jedoch in Deutschland die Abkehr von der Energiegewinnung durch Atomkraftwerke beschlossen worden ist, müssen nun bis zum Ausstieg umweltfreundlichere Ersatzlösungen gefunden werden. Die Lösung liegt in der Nutzung alternativer Energien. Doch diese müssen eines Tages die zuverlässige Leistung der Atom- bzw. Kohlekraftwerke komplett und in gewohnter Stromqualität aufbringen können.
Diese Hausarbeit stellt verschiedene alternative Möglichkeiten und ihre Vor- und Nachteile vor, mit dem Ziel die effizienteste Energiequelle für Segelyachten zu ermitteln.

2 Der Stromverbrauch an Bord von Segelyachten

2.1 Problematik

Seit wenigen Jahren ist in fast jeder Marina Deutschlands ein im Seefahrerjargon „fünfter Festmacher“ genannter Landanschluss vorhanden. Mittels eines Stromkabels, das die Stromanschlüsse auf Steg und Boot miteinander verbindet, lassen sich so an Bord verschiedenste Elektrogeräte, sowie die Bordbatterien aufladen. Doch wird das Kabel eingeholt und fährt ein Segelboot auf See, muss die aufgeladene Energie gut eingeteilt werden. Auf kurzen Fahrten, bei denen abends ein Hafen angelaufen wird, stellt dies kein Problem dar. Doch verbringt man längere Zeit auf See, muss geplant werden, woher die nötige Energie für den Bordbedarf bezogen wird.
Eine Energiequelle ist hierbei der Motor, der während des Arbeitens mittels eines Generators die Bordbatterien auflädt. Davon sind stets mindestens zwei vorhanden: Die erste ist die Starterbatterie, die ausschließlich zum Anlassen des Motors verwendet wird. Die zweite wird Bordnetzbatterie genannt, die alle anderen stromverbrauchenden Endgeräte mit Energie

versorgt. Durch diese Aufteilung wird das Starten des Motors stets gewährleistet (PALSTEK 2007:95f.).
Gelegentliches Motoren lädt also zwar die Bordbatterien auf, trägt aber auch zum Verschleiß des Motors hinzu und verbraucht vor allem Kraftstoff. Und mit diesem ist besonders auf langen Segelturns für den Notfall sparsam umzugehen. Zudem trägt das Motoren zur Umweltverschmutzung bei und steht dem Sinn und Anspruch des Segelns an sich entgegen. Als primäre Energiequelle taugt das Laufen unter Motor also nicht. Demnach muss entweder eine weitere oder größere Batterie eingebaut, oder auf alternative Energiequellen zurückgegriffen werden.

2.2 Ermittlung des durchschnittlichen Stromverbrauchs

Um feststellen zu können, welche alternative Energiequelle sich am besten für die Stromerzeugung an Bord einer Segelyacht eignet, muss zunächst der durchschnittliche tägliche Stromverbrauch eines solchen ermittelt werden.

Geht man von einer Yacht von 10 Metern Länge, einer Besatzung von 4 Personen und einem Stromversorgungssystem von 12 Volt (V) aus, ergeben sich folgende Berechnungen pro Tag:
Die Stromversorgung der Navigationsgeräte zu sichern hat erste Priorität. Diese bestehen meist aus GPS-Gerät, Navigation, und Funkgerät. Wie in Tabelle 1 zu sehen, ergibt sich daraus bei sparsamem Umgang ein Stromverbrauch von 7 Amperestunden (Ah). Hinzu kommen die Positionslaternen Bug-, Heck-, und Toplicht, welche, sofern LED's verwendet werden, mit etwa 4 Watt (W) Leistung arbeiten und weitere 3,2 Ah elektrischer Ladung verbrauchen. Die Verwendung eines Autopiloten entnimmt der Batterie bei einer 20 Stunden-Nutzung etwa weitere 20 Ah bei 60 Watt Leistung. Zählt man noch ein Radio mit 3 Ah, einen Kühlschrank mit 14,4 Ah, die Innenbeleuchtung mit 8,2 Ah und weitere Verbraucher mit 5 Ah hinzu, ergeben sich 66,2 Amperestunden bzw. 794,4 Wattstunden (Wh) pro Tag (PALSTEK 2009:69).

Wenn man nun davon ausgeht, dass die Batteriekapazität stets dem doppelten Tagesstromverbrauch entsprechen sollte, ergibt sich in diesem Beispiel eine Kapazität von 132,4 Ah. Hierbei muss beachtet werden, dass eine Batterie sich zu ihrem eigenen Schutz niemals bis zu einem Ladezustand von 100 Prozent auflädt und auch nicht komplett entlädt (PALSTEK 2007:95f.).
Werden also der Beispielbatterie 66,2 Ah täglich entnommen, hält eine einzige Batterieladung für die Stromversorgung an Bord weniger als zwei Tage an. Zudem muss der verbrauchte Strom der Batterie auch wieder zugeführt werden, um die wichtigen Navigationsgeräte zu versorgen (PALSTEK 2007:95f.). Wenn die Möglichkeit, Landstrom zu beziehen, nicht gegeben ist, muss diese Energie an Bord erzeugt werden.

Tab.1: 24 Stunden Energiebilanz einer 10-Meter-Segelyacht in Fahrt. (Datenquelle: PALSTEK 2009:69)

Verbraucher	Watt	Ampere	Stunden	Verbrauch Ah/12V
Navigation	2,4	0,2	24	4,8
GPS	2,4	0,2	24	4,8
Funksprechanlage	1,2	0,1	24	2,4
Kühlschrank	36	3,0	24	14,4
Positionslaternen	4,5	0,4	8	3,2
Autopilot	60	5,0	20	20
Radio	12	1,0	3	3,0
Beleuchtung	25	2,1	4	8,2
Sonstige Verbraucher				5
Gesamtverbrauch				**66,2**

3 Alternative Energien

3.1 Solarenergie - Photovoltaik

Die erste alternative Energiequelle, die hier erläutert werden soll, ist die Sonne. „Von der Sonne kommt Tag für Tag die 15000-fache Menge des täglichen Primärenergie-Bedarfs der gesamten Erdbevölkerung“ (GEITMANN 2004:92). Dementsprechend naheliegend ist ihre Nutzung als Energiequelle. Das entsprechende Verfahren wird Photovoltaik genannt, bei dem mit Hilfe von Solarzellen Sonnenlicht in elektrische Energie umgewandelt wird (GEITMANN 2004:102).

3.1.1 Herstellung und Aufbau von Solarzellen

Die gängigen Solarzellen bestehen aufgrund ihrer Halbleitereigenschaft größtenteils aus hochreinen Silizium-Kristallen (SCHABBACH & WESSELAK 2012:71). Diese können ausschließlich unter hohem Energieeinsatz gewonnen werden, da sie in der Natur nur als Quarzgestein in verunreinigter Form vorkommen (GEITMANN 2004:102).

SCHABBACH & WESSELAK (2012:71f.) beschreiben das Herstellungsverfahren und die Funktionsweise von Solarzellen folgendermaßen:
Zunächst werden Siliziumkristalle mit positiv geladenen Bor-Atomen versetzt (dotiert). Damit wird das Silizium p-dotiert, also leitfähig gemacht. Anschließend werden die Siliziumkristalle in dünne Scheiben von meist 200-300µm Dicke gesägt. Die Oberseite der Scheiben wird für die n-Dotierung Phosphor-Atomen ausgesetzt. Wie in Abbildung 1 gut zu erkennen, entstehen dadurch zwei unterschiedliche Halbleiterschichten: In der p-dotierten Siliziumschicht dominieren negative Elektronen, in der n-dotierten Schicht positiv geladene Ladungsträger.

Aufgrund dieses Ladungsunterschiedes baut sich an der Grenze dieser Schichten, dem sogenannten „pn-Übergang“ (BUCHAL et al. 2013:107), ein inneres elektrisches Feld auf (GEITMANN 2004:105).

3.1.2 Umwandlungsvorgang

Fällt Sonnenlicht auf die Siliziumscheibe (Abb.1), absorbieren die Elektronen des p-dotierten Siliziums die Energie der Photonen (Lichtteilchen). Bei ausreichend hoher Energie, lösen sie sich vom Atomkern und werden von dem elektrischen Feld eingefangen (GEITMANN 2004:104). Laut Buchal et al. (2013:108) kommt es so zu einer technisch nutzbaren Ladungstrennung, bei der sich elektrische Spannung aufbaut. Diese wird an den Endkontakten der Solarzelle als Strom abgegriffen. Die abgreifbare Spannung beträgt dabei pro Zelle ca. 0,7 Volt.

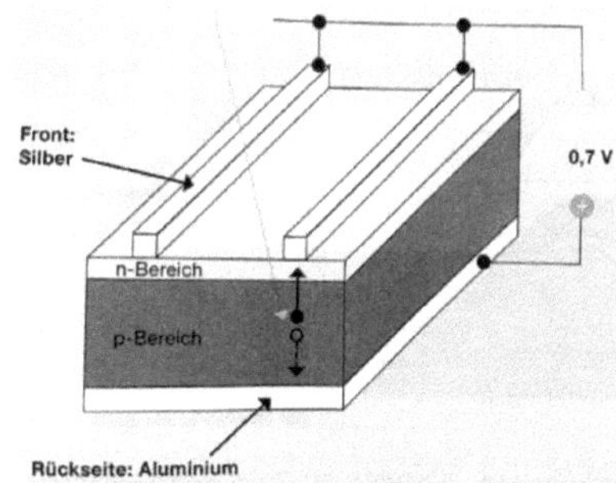

Abb.1: Funktionsweise einer Solarzelle (BUCHAL et. al. 2013:108)

3.1.3 Wirkungsgrad

Um möglichst effizient Sonnenenergie auffangen zu können und die Spannung zu erhöhen, werden Solarzellen miteinander zu Solarmodulen verschaltet. Durch die „Reihen-Parallel-Schaltung“ erhöht sich zusätzlich auch die Stromstärke (GEITMANN 2004:106).

Der Wirkungsgrad einer Solarzelle gibt an, zu welchem Anteil sie Sonnenenergie in elektrische Leistung umwandeln kann. Je höher der Wirkungsgrad, desto mehr elektrische Energie kann eine Solarzelle erzeugen. Ein Wirkungsgrad von 100%, bei dem also Sonnenenergie vollständig in Strom verwandelt wird, ist dabei physikalisch nicht möglich, weil Solarzellen bislang nicht das gesamte Strahlungsspektrum aufnehmen und umwandeln können (BUCHAL et al. 2013:108). Wirkungsgrade lassen sich einfach berechnen, indem man die *Nennleistung* eines Moduls in Watt mit der Leistung der Sonne, also 1000 W nach internationalen Testbedingungen vergleicht (HANUS 2007:92). Die *elektrische Leistung* P wiederum lässt sich laut HANUS (2007:111) durch die Multiplikation der *elektrischer Spannung* U und des *elektrischen Stroms* I berechnen, also:

$$P \text{ (in Watt)} = U \text{ (in Volt)} \cdot I \text{ (in Ampere)}$$

Besitzt also beispielsweise ein 1m² großes Solarmodul eine Nennleistung von 120 W, so liegt sein Wirkungsgrad bei 12%, da 120 W zwölf Prozent von 1000 W/m² darstellen (HANUS 2007:92).

3.1.4 Solarzelltypen

Solarzellen wurden seit ihrer erstmaligen Herstellung in den fünfziger Jahren (GEITMANN 2004:102) stetig weiterentwickelt. Heute gibt es mehrere Zelltypen, von denen die gebräuchlichsten von GEITMANN (2004:103f.) erläutert werden:

Monokristalline Solarzellen bestehen aus gesägten Schichten eines einzelnen Siliziumkristalls. Sie besitzen im Gegensatz zu anderen Zellarten den höchsten Wirkungsgrad. Sie besitzen wie auch polykristalline Zellen eine Dicke von 200-300µm (MERTENS 2013:122).

Polykristalline Solarzellen bestehen aus mehreren Siliziumschichten. Sie werden aus mehreren Kristallen gesägt und anschließend zu einem Block gepresst. Zu monokristallinen Solarzellen unterscheiden sie sich in ihrer deutlich sichtbaren kristallinen Struktur und ihrem niedrigeren Wirkungsgrad.

Dünnschichtmodule können schnell ohne Kristallsägen hergestellt werden. Hierbei gibt es zwei bekannte Modulvarianten:
A-Si-Dünnschichtmodule entstehen durch das Aufdampfen von amorphem Silizium und den Zellverschaltungen auf Trägermaterialien (MERTENS 2013:122) wie Glas oder Folien (VOSWINCKEL & WESSELAK 2012:50). Da der Halbleiter Silizium einen hohen Absorptionskoeffizienten aufweist, reicht solch eine dünne Zellschicht von bis zu 0,5 Mikrometer (µm) aus, um Sonnenlicht zu absorbieren. Durch ihre Geringmächtigkeit sind sie, im Gegensatz zu kristallinen Solarmodulen, flexibel. So lassen sie sich auf verschiedenste Art und Weise auch auf gekrümmten Oberflächen anbringen.
Die Module der zweiten Variante werden auch CIS oder CIGS-Module genannt. Sie bestehen aus verschiedenen Halbleiterverbindungen ohne Silizium, die auf Trägerschichten, wie z.B. Folien schichtweise angebracht werden (VOSWINCKEL & WESSELAK 2012:50).

3.1.5 Vor-und Nachteile verschiedener Modularten auf Segelyachten

Bei allen Solarmodulen sind Vor- und Nachteile zu finden:

Kristalline, meist in Aluminium gerahmte Solarmodule, besitzen den Vorteil, dass sie an verschiedenen Plätzen flexibel aufgestellt oder aufgehängt werden können. Auf diese Weise können sie, entsprechend der Sonneneinstrahlung, dem ertragreichsten Lichteinfallswinkel nachgeführt werden (PALSTEK 2011:107). Zudem sind sie unter speziellem Glas eingeschweißt, was die Zellen vor äußeren Einwirkungen wie Wasser schützt und somit den Alterungsprozess verlangsamt. Andererseits sind solche Module meist mächtig, schwer und nicht bruchsicher (PALSTEK 2007:114).

Semiflexible Solarmodule aus poly-monokristallinen Elementen lassen sich direkt an Deck anbringen, da sie betretbar und rutschfest sind (PALSTEK 2011:107). Durch ihre Flexibilität können sie auch auf gebogenen Oberflächen, wie z.B. einem Schiebeluk angebracht werden. Praktisch für den maritimen Gebrauch sind auch kleinere Stripe-Varianten, z.B. von Löw Energy (PALSTEK 2011:185). Fest montiert, fehlt hier allerdings die Möglichkeit, die Module dem Sonnenlicht nachzuführen.

Da Dünnschichtmodule bis zu 0,5µm dünn sein können (MERTENS 2013:122), liegt ihr großer Vorteil in Geringmächtigkeit und damit verbundener Material- und Kosteneinsparung. Weil sie zusätzlich sehr flexibel sind, gibt es für solche Module noch mehr Montagemöglichkeiten, als für kristalline. Zum Beispiel können sie verklebt werden.
Der größte Nachteil von Dünnschicht-Solarzellen, insbesondere der amorphen, liegt jedoch in ihrem Leistungsverlust aufgrund von schnellen Alterungsprozessen (GEITMANN 2004:104). So besitzen sie laut VOSWINCKEL & WESSELAK (2012:52) innerhalb ihrer ersten Betriebsmonate eine Degradation des Wirkungsgrads von 25 Prozent.
Für Segelboote sind Dünnschichtmodule bislang keine Option, da ihr derzeit noch niedriger Wirkungsgrad von etwa 9 Prozent eine größere Montagefläche erfordert, als an Bord zu finden ist (PALSTEK 2009:69).

Ein großer Nachteil aller verklebten Modultypen ist der Spannungsverlust durch Überhitzung. Durch die verklebte Montage werden die Module nicht hinterlüftet und die Zellen heizen sich stärker auf. So fällt die Leistung einer Solarzelle dabei bereits bei einer Temperatur von 25 Grad von 100 Prozent auf 88. Bei 60 Grad sogar auf ca. 12 Prozent (PALSTEK 2007:112).
Ein weiterer Nachteil, der alle permanent befestigten Module betrifft, sind Abschattungen. Da die Solarzellen miteinander verschaltet sind, beeinträchtigt schon der Schatten auf einer einzigen Zelle den Strom des gesamten Panells, der sich dadurch auf die Leistung der schwächsten Zelle reduziert (PALSTEK 2007:97). Mit beweglich installierten Solarmodulen kann Schatten werfenden Objekten ausgewichen werden. In einigen der neueren Modelle können Bypass-Dioden integriert sein, die den Strom um eine beschattete Zelle herumleiten (HANUS 2007:111).
Die Solarenergie überzeugt folglich durch viele Nutzungsvarianten und hohe Energieerträge. Sie bleibt jedoch auch die teuerste alternative Energiequelle (MÜLLER 2012:24).

3.1.6 Innovationen

Bis zum Jahre 2011 wurde die Solartechnologie kristalliner Solarmodule von dem ehemaligen Wirkungsgrad von 14 Prozent soweit weiterentwickelt, dass sie 2011 einen Wirkungsgrad von 20 Prozent besaßen (PALSTEK 2011:106f.). Es handelte sich hierbei sowohl um nicht betretbare, in Aluminium gerahmte Module, als auch um semiflexible, betretbare. Die Ladeleistung eines halben Meter-100-Watt-Moduls betrug 20 Amperestunden bei 12 Volt täglich. Pro Zelle waren dies 0,5 Volt. Die extra für die maritime Anwendung hergestellten semiflexiblen Solarmodule besaßen dabei einen Biegungsgrad von 5 cm, waren nur 3 mm dick, begehbar, rutschfest und flexibel (PALSTEK 2011:107.).

Eine weitere Innovation stellen sogenannte Multifunktions-Solarzellen mit mehreren p-n-Übergängen dar. Bei diesen werden mehrere Solarzellen kaskadenartig übereinander angeordnet, sodass ein Photon gleich von mehreren Zellen genutzt werden kann. Bereits im Jahr 2003 wurde mit einem derartigen Solarmodul ein Wirkungsgrad von 32 Prozent gemessen (VOSWINCKEL & WESSELAK 2012:40f.).

Im Jahr 2013 gelang es dem Fraunhofer-Institut für Solar Energiesysteme (ISE) mit Hilfe von Mehrfachsolarzellen, einen neuen Wirkungsgrad-Weltrekord von 44,7 Prozent zu erreichen. Die hierfür verwendeten Zellen waren aus übereinandergeschichteten, siliziumlosen Teilzellen zusammengesetzt. Da diese aus verschiedenen Halbleitermaterialien bestanden, konnten sie verschiedene Spektralbereiche des Sonnenlichts auf einmal absorbieren. Dieser Rekord wurde bislang mit den herkömmlichen Siliziumzellen nicht gebrochen (DIMROTH 2013:o.S.).

Zurzeit wird sich laut SCHABBACH & WESSELAK (2012:71) insbesondere um die Weiterentwicklung der Dünnschichtmodule bemüht, da für diese am wenigsten Material benötigt wird und somit auch weniger Kosten anfallen. Zudem produzieren diese Module verhältnismäßig mehr Strom, als kristalline Module, da sie ein besseres Schwachlicht-verhalten aufweisen. Zu Beginn des Jahres 2014 wurde der bisher bei CIS-Modulen höchste Wirkungsgrad von 20,9 Prozent von der japanischen Firma Solar Frontier erreicht (PV-MAGAZINE 2014:o.S.). Dieser Wert konnte jedoch nur unter idealen Laborbedingungen entstehen – unter normalen Bedingungen erbringen die bereits käuflichen Module etwa 9 Prozent (SCHABBACH & WESSELAK 2012:74).

3.2 Windkraftanlagen

Neben der Photovoltaik ist die Windkraft eine weit verbreitete alternative Energiequelle. Laut HEIER (2012:11) sei sie neben der Energiegewinnung durch Wasserkraft „technisch am weitesten vorangeschritten und der wirtschaftlichen Rentabilität am nächsten". So versorge ein großes 1,5 Megawatt-Windrad ungefähr 1000 deutsche Haushalte mit Elektrizität. Doch gibt es auch Kleinst-Anlagen für den privaten Gebrauch (HEIER (2012:59).

3.2.1 Aufbau und Funktionsweise

Windkraftanlagen bestehen allgemein in erster Linie aus dem sich drehenden Rotor, an dem die Rotorblätter / Flügel befestigt sind. Diese Windturbine ist über eine Welle und ein Getriebe mit einem Generator verbunden, der letztendlich die elektrische Energie erzeugt (BODACH & HENNICKE 2010:79f.). Außerdem vorhanden sind eine Windrichtungs-nachführung, eine Bremsvorrichtung und Rotorblattverstellung (GIBER & MÜLLER 2010:44). Die sogenannte Rotorgondel, in der sich Welle, Getriebe und Generator befinden, sitzt auf einem Turm auf (BODACH & HENNICKE 2010:79f.). Je höher dabei der Turm, desto größer der Energieertrag, da sich die Windgeschwindigkeit mit zunehmendem Abstand zum Boden erhöht (SYNWOLDT 2008:97).

Es existieren zwei verschiedene Arten von Windturbinen: die Widerstands- und die Auftriebsläufer (SCHABBACH & WESSELAK 2012:94).
Die Flügel von Widerstandsläufern sind so konzipiert, dass das Flügelrad allein durch die Luftwiderstandskraft angetrieben wird (SCHABBACH & WESSELAK 2012:94f.).

Bei Auftriebsläufern hingegen sind sie ähnlich wie Flugzeugflügel geformt und arbeiten mit den Gesetzen der Aerodynamik, die mit Beginn der Flugtechnik begründet wurde (HEIER 2012:37). Dadurch, dass die Oberseite der Rotorblätter stärker gewölbt ist, als die untere, entsteht für den oberseitig laufenden Luftstrom ein längerer Weg, als für den unteren. Die Strömungsgeschwindigkeit erhöht sich, was ein Sinken des statischen Luftdrucks an der Flügeloberseite zur Folge hat. Durch diese Druckdifferenz entsteht die Auftriebskraft, die letztendlich das Flügelrad in Bewegung versetzt (SCHABBACH & WESSELAK 2012:94f.).
Fast jede moderne Windkraftanlage ist ein Auftriebsläufer. Derzeit durchgesetzt haben sich diejenigen mit drei Rotorblättern und horizontal ausgerichteter Welle (GIBER & MÜLLER 2010:44f.). Den Aufbau der Widerstandsläufer hingegen, findet man z.B. nur noch bei alten Anlagen oder Windmühlen (SCHABBACH & WESSELAK 2012:94f.).

Doch beide Windkraftanlagen sind „*Energiewandler (Konverter),* [die] einen Teil der *kinetischen Energie des Windes* [...] *in Rotationsenergie des Rotors* bzw. der Achse (Welle) umwandel[n]“ (GIBER & MÜLLER 2010:44). Sie verwenden demnach die kinetische Energie des Windes, um sie erst in mechanische und dann mittels eines Generators in elektrische Energie umzuwandeln. Kinetische Energie ist in jeder bewegten Masse, in diesem Fall in der sich bewegenden Luft, die durch die Rotorfläche strömt, enthalten (BWE 2014:o.S.). Ein Getriebe übersetzt die niedrige Drehzahl der Rotorwelle in eine höhere für den Generator, der eine möglichst hohe Drehzahl benötigt (HEIER 2012:38). Der Generator erzeugt dann eine elektrische Spannung und damit Strom und speist diesen letztendlich in ein Stromnetz ein (BODACH & HENNICKE 2010:79).
Wie bei allen energetischen Umwandlungen entstehen hierbei Verluste, sodass dem Wind bei Widerstandsläufern nicht mehr als zwölf Prozent (BODACH & HENNICKE 2010:79), bei Auftriebsläufern nicht mehr als 59% Leistung entnommen werden kann. Z.B. sind dies aerodynamische Verluste, die durch Reibungen oder Verwirbelungen an den Rotorblättern entstehen (BWE 2014:o.S.).

3.2.2 Windkraft auf Segelbooten

Neben Windrädern und Windparks ist diese Art der Energiegewinnung auch im Segelsport angekommen. Denn gerade in Küstenregionen und auf See ist das Windenergieangebot sehr hoch und eignet sich ideal zur Stromerzeugung durch die Windkraft (SYNWOLDT 2008: 96).
Verwendet werden hierbei Kleinwindkraftanlagen, die im Grunde in Aufbau und Funktionsweise mit den größeren Windrädern übereinstimmen. Sie sind dabei z.B. mit Salzwasser beständigen Materialien extra an die maritimen Bedingungen angepasst (PALSTEK 2013:184). Ein Beispiel hierfür ist z.B. das Windgeneratormodell von SilentWind, das auf Abbildung 2 fotografiert wurde.

Abb.2: Windgenerator von Silent-wind. (Eigene Aufnahme 2014)

Da die Flügel solcher Anlagen oft sehr lang sein können, werden sie hierbei, wie auf Abbildung 2 zu sehen ist, meist achtern eines Schiffs auf einem Mast montiert. Somit befindet sich die Besatzung außer Reichweite der Rotorblätter und damit außer Gefahr, falls sich jene im Sturm lösen sollten (PALSTEK 2007:94). Praktisch ist, dass Windgeneratoren nach der Montage so gut wie keiner Wartung bedürfen. Einzig die Lager müssen gelegentlich nachgefettet werden.

Ein großes Problem stellt jedoch die Abhängigkeit vom Wind dar. Denn selbst die neuesten Windgeneratoren fangen zwar bei einer Windgeschwindigkeit von zwei Metern pro Sekunde an Strom zu erzeugen, können jedoch erst ab einer Geschwindigkeit von etwa fünf m/s die Windenergie sinnvoll nutzen (SILENTWIND 2014:o.S.). Dies entspricht zwar nur der Windstärke drei, aber selbst diese ist auf dem Meer längst nicht immer vorhanden.
Nachteilig sind vor allem auch die Geräusche, die bei den herkömmlichen Modellen durch die Turbine entstehen. Zum einen produzieren die Flügel ein Heulen, das sich mit zunehmender Windgeschwindigkeit verstärkt. Und zum anderen entstehen Lagergeräusche, die sich auf den Schiffsrumpf übertragen und im eigenen Boot zu hören sind. Diese Geräusche können nicht nur einen selbst, sondern besonders auch Liegeplatznachbarn stören (PALSTEK 2007:103).

3.2.3 Innovationen

Allerdings gibt es mittlerweile auch fast geräuschlose Anlagen, wie z.B. der Windgenerator SilentWind 400+. Er soll schon ab Windstärke zwei anfangen, die Bordbatterie zu laden und dennoch den Wind mit höherem Wirkungsgrad ausnutzen können, als seine Vorgänger. Beispielsweise produziert er bei Windstärke fünf 2kWh. Die 12 Volt Version ist ab 1390€ erhältlich (PALSTEK 2013:184).
Des Weiteren führte die Überlegung einer Windverstärkung zu der neuen Innovation einer Mantelturbine. Hierbei wird der Propeller von einem sich nach hinten öffnenden Mantel umgeben. Durch seine spezielle Formung wird ein Sog erzeugt, der die Turbine schneller rotieren lässt. Dies führt zu mehr als einer doppelten Energieausbeute (SYNWOLDT 2008:172).

3.3 Wasser- und Schleppgeneratoren

Generatoren, die mit der Energie des Wassers Strom erzeugen, funktionieren ähnlich wie Windkraftanlagen. Der Propeller wird unter Wasser gegen die Strömung ausgerichtet und von der kinetischen Energie des Wassers in Bewegung versetzt. Die entstandene mechanische Energie wird einem Generator zugeführt, der sie in elektrische Energie umwandelt (BODACH & HENNICKE 2010:89). Wird eine ausreichende Segelgeschwindigkeit erreicht, kann mit diesen Generatoren aufgrund der höheren Dichte des Wassers mehr Strom gewonnen werden, als mit einer Windturbine (SYNWOLDT 2008:57).

Die ersten *Wasser-* oder *Wellengeneratoren* wurden besonders in den 1980er Jahren für Segelboote verwendet. Auf der Propellerwelle des Antriebs angebracht, sollte der Antriebspropeller hierbei als Turbine dienen. Da jedoch die Segelgeschwindigkeit meist zu niedrig war, um den Antriebspropeller ausreichend anzutreiben, erzeugten diese Generatoren zu wenig Strom und verschwanden schnell wieder vom Markt (PALSTEK 2007:103).
Heute erhältliche Wassergeneratoren werden meist an einer Halterung am Heck befestigt. Sie besitzen einen Propeller, der sich unter Wasser und direkt am Generator befindet. Strom erzeugt wird hierbei erst ab einer Segelgeschwindigkeit von drei Knoten. (PALSTEK 2007:103). Bei den neuesten Modellen, wie z.B. dem Hydrogenerator Cruising 300 der Firma Watt & Sea, sind dies etwa vier Ampere Nennstrom bei vier Knoten Geschwindigkeit (SHIPSHOP 2014:o.S.).

Oft auch als Wassergeneratoren bezeichnet, werden sogenannte *Schleppgeneratoren.* Bei diesen wird ein Generator an der Heckreling befestigt und mithilfe einer Schleppleine mit einer Turbine verbunden. Diese Turbine wird von dem jeweiligen Schiff hinterhergezogen und von dem angeströmten Wasser in Bewegung gesetzt. Einige Modelle, wie der Ampair Aquair 100 (Abb.3,), lassen sich sogar innerhalb weniger Minuten zu einem Windgenerator umrüsten (SHIPSHOP 2014:o.S.).
Nachteilig bei Schleppgeneratoren ist, dass das Einholen der Turbine aufgrund des hohen Schleppwiderstands nur bei Stand möglich ist. Zudem wird die Fahrtgeschwindigkeit um ca ½ Knoten vermindert. Außerdem erzeugen die meisten Schleppgeneratoren erst bei einer Segelgeschwindigkeit von etwa vier Knoten ein bis zwei Ampere. Daher empfiehlt sich diese Art der Stromerzeugung eher für schnellere Boote wie Katamarane. (PALSTEK 2007:103).

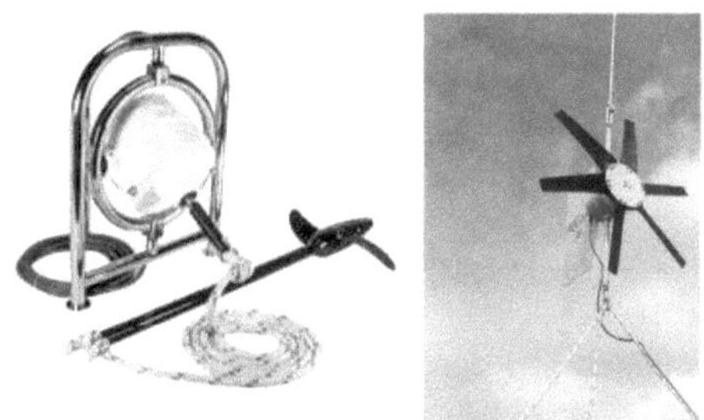

Abb.3: Wasser- und Windgenerator Ampair Aquair 100. (SHIPSHOP 2014)

3.4 Brennstoffzellen

Brennstoffzellen sind moderne Antriebe, die mithilfe von Wasserstoff und Sauerstoff Strom erzeugen (PREUSS 2014:31). Entdeckt wurde diese Methode der Energiegewinnung bereits im frühen 19. Jahrhundert, mit dem Gedanken, dass der Vorgang der Wasserstoffherstellung mittels der elektrolytischen Spaltung von Wasser, umkehrbar sein müsse. Demnach entstünde aus der Reaktion von Wasser- und Sauerstoff erneut Strom. Eine sogenannte *Gasbatterie* wurde entwickelt, in der man diesen umgekehrten Prozess, die „Verbrennung", stattfinden ließ. Dieser funktionierte ganz ohne Abgase oder Schadstoffe, das einzige Nebenprodukt war Wasser. Doch diese Methode geriet mit der industriellen Revolution in Vergessenheit. Erst seit den 1970er Jahren wird die Brennstoffzellentechnik durch die Suche nach alternativen Energien wieder erforscht und weiterentwickelt (PALSTEK 2004:92).

3.4.1 Grundaufbau und Funktionsweise

Eine Brennstoffzelle besteht in erster Linie aus einem Elektrolyten, der als semipermeable Membran Anode und Kathode voneinander trennt. Er kann z.B. aus Säuren, Keramiken oder Kunststoff bestehen und ist so konzipiert, dass nur Protonen durch ihn hindurch gelangen können (PALSTEK 2004:93).

Eingefasst werden alle Zellbestandteile von zwei Platten, die feine Gänge besitzen. Darüber gelangt der auf der Anodenseite in die Zelle gegebene Wasserstoff zu der positiv geladenen Elektrode. Elektroden sind, wie auch in Abbildung 4 zu sehen ist, auf jeder Seite des Elektrolyten angebracht. Da sie eine katalytisch wirkende Oberfläche besitzen, werden die Wasserstoffatome dort durch Oxidation in Protonen und Elektronen gespalten. Die entstandenen Protonen verlassen anschließend die Anode durch die Elektrolytmembran in Richtung Kathode. Da die Elektronen diese nicht passieren können, kommt es auf der Anodenseite zu einem Elektronenüberschuss. Wird dann eine elektrische Verbindung der Elektroden (grün dargestellt) hergestellt, strömen die Elektronen ebenfalls zur Kathode und erzeugen dabei Strom. Durch die Kanäle der zweiten Platte gelangt Luft und damit auch Sauerstoff an die negativ geladene Elektrode. Der Sauerstoff wird an der Elektrodenoberfläche mit den Protonen und den Elektronen des Wasserstoffs zu Wasser reduziert. Dieser Vorgang setzt Wärme frei und wird Verbrennung genannt (PALSTEK 2004:93).

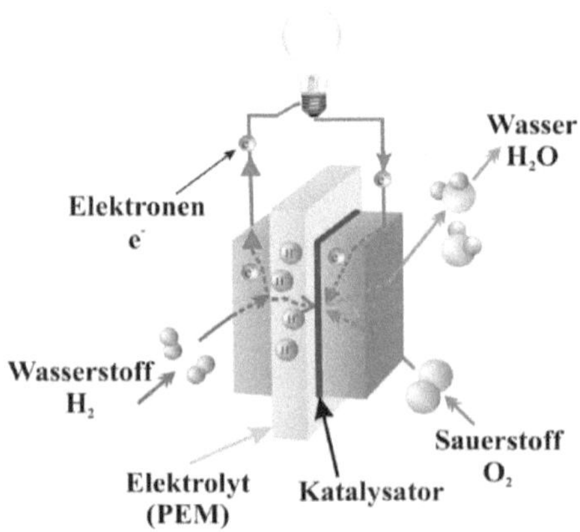

Abb.4: Schema einer PEM-Brennstoffzelle. (HZB 2014)

3.4.2 Vor- und Nachteile von Brennstoffzellen

In der Brennstoffzellentechnik gibt es mehrere Zelltypen, die sich in Aufbau und Wirkungsgrad stark unterscheiden können.

Am weitesten verbreitet ist die sogenannte *Polymer-Elektrolyt-Membran*-Brennstoffzelle (PEM). Sie weist mit 70 Prozent den von allen mit Wasserstoff betriebenen Zellen höchsten Wirkungsgrad auf. Ihr Aufbau ist in Abbildung 4 zu sehen: Der Elektrolyt besteht hierbei aus einer dünnen Kunststoffmembran, die Katalysatoren aus Platin-Partikeln oder einem Platingemisch (PALSTEK 2004:92ff.). Diese letzteren Bestandteile stellen einen großen Nachteil der PEM-Zellen dar – denn Platin ist sehr kostspielig.

Die *Alkalische Brennstoffzelle* (AFC) war, aufgrund ihrer leichten Bauweise und des relativ hohen Wirkungsgrads von 60 Prozent, die erste Brennstoffzelle, die für die mobile Anwendung eingesetzt wurde. So versorgt sie heute beispielsweise einige Raumfahrzeuge oder Unterwasserboote mit Strom. Der Unterschied zu PEM-Zellen liegt darin, dass anstelle einer semipermeablen Membran eine Kaliumhydroxid-Lösung als Elektrolyt verwendet wird. Dadurch diffundieren statt Protonen Hydroxidionen von der Anode zur Kathode. Durch ihren flüssigen Elektrolyten sind AFC-Zellen zwar leicht, unterliegen aber auch einer schnellen Alterung, da er korrosiv ist (PALSTEK 2004:94).

Beide der vorgestellten Brennstoffzellarten besitzen Nachteile, die einer verbreiteten kommerziellen Nutzung bisher entgegenstanden. Es soll nun noch ein weiteres Problem der Zellentechnologie hinzugefügt werden: die Wasserstoffproduktion.
Wasserstoff kommt in der Natur nur gebunden z.B. in Wasser oder Methan vor und muss deshalb erst gewonnen werden. Da Wasserstoff keine Energiequelle, sondern ein Energieträger ist, muss dabei für seine Erzeugung viel Energie bereitgestellt werden (STOLZENBURG 2013). Und hierfür ist laut SYNWOLDT (2008:146f.) mehr Energie nötig, als später durch die Elektrolyse in Brennstoffzellen gewonnen werden kann.
So werde Wasserstoff hauptsächlich durch Spaltung fossiler Rohstoffe unter einem Energieaufwand von etwa 6 kWh gewonnen. Zum Vergleich: Die nutzbare Energie von Wasserstoff beträgt bei seiner Freisetzung nur noch 3 kWh/m^3 (STOLZENBURG 2013).
Die Wasserstoffherstellung ist zusätzlich deshalb problematisch, weil gerade das zur Neige gehen der fossilen Rohstoffe und deren Umweltverschmutzung durch Kohlendioxid-Emissionen der Anlass für die Suche nach alternativen Energiequellen war. Somit stellt die Wasserstoffnutzung bei einer derartigen Erzeugung alles andere als eine umweltfreundliche Alternative dar. Derzeit wird jedoch an mehreren Erzeugungsverfahren geforscht, die durch regenerative Energien angetrieben werden (SYNWOLDT 2008:146).

Doch von den Produktionsschwierigkeiten abgesehen, ist es ohnehin aktuell für den Privatverbraucher noch kompliziert, an Wasserstoff zu gelangen. Ein entsprechendes Distributionsnetz existiert noch nicht, was vor allem auf den hohen Aufwand und hohe Kosten bei Wasserstoffherstellung, -transport und -speicherung zurückzuführen ist. Bis Wasserstoff also wirtschaftlicher (und umweltfreundlicher) geworden ist, muss in der Brennstoffzellentechnologie ein anderer Energieträger verwendet werden.

Eine mögliche Alternative wären mit Methanol betriebene Brennstoffzellen, wie die *Direct Methanol Fuel Cells* (DMFC). Diese sind im Prinzip wie PEM-Zellen aufgebaut, bis auf das sie einen Elektrolyten aus Fluorkohlenwasserstoff besitzen und mit Methanol betrieben werden (GIBER & MÜLLER 2010:167f.). Allerdings weisen DMFC-Zellen von allen Brennstoffzellen mit 40 Prozent den schlechtesten Wirkungsgrad auf und sind zudem sehr teuer. Nicht ganz unwichtig ist außerdem, dass hier als Nebenprodukt des Oxidationsprozesses das Treibhausgas Kohlenstoffdioxid entsteht (PALSTEK 2004:94).

3.4.3 Brennstoffzellen auf Segelbooten - Innovationen

Alle aufgezeigten Nachteile außer Acht gelassen, eignen sich Brennstoffzellen sehr gut für die private Stromerzeugung an Bord. Sie funktionieren zuverlässig, sind geräuscharm, leicht verstaubar und vor allem wetterunabhängig. Zudem bedürfen sie außer dem Befüllen mit Brennstoff und der Entleerung des entsprechenden Nebenprodukts keiner Wartung.
Für den Privatgebrauch erhältlich ist zum Beispiel das DMFC-Modell Efoy Comfort von SFC Energy. Diese Brennstoffzelle versorgt die Bordbatterie mit 210 Amperestunden bzw. 2,2 kWh Wattstunden pro Tag, verbraucht allerdings auch 0,9 Liter Methanol pro erzeugte Kilowattstunde. Sie kostet 5499€ bei einer Lebensdauer von knapp fünf Jahren. Dafür ist sie nur zehn Kilogramm schwer und 44x 20x 28 cm groß (EFOY 2014:o.S.).
Im Vergleich dazu bietet die Hydromax 150 Zelle von Dynad International eine höhere Leistung von 300Ah pro Tag bei einem Preis von 3195€. Sie funktioniert mit einem neuartigen Brennstoff: Apfelsäure mit gelöstem Salz. Werden diese beiden Komponenten in der Brennstoffzelle vermischt, entsteht Wasserstoff, mit welchem daraufhin auf PEM-Zellen-Art Strom erzeugt wird. Als Nebenprodukt entsteht auch hier Wasser. Die Hydromax Zelle ist damit die einzige Brennstoffzelle, die mit einem ungiftigen Energieträger funktioniert und das Wasserstoffproduktions- und Wasserstofftransport-Problem umgeht (SHIPSHOP 2014:o.S.).
Neben allen genannten Vorteilen muss jedoch auch daran gedacht werden, dass der jeweilige Brennstoff in Kanistern oder Flaschen auch regelmäßig bei speziellen Händlern besorgt und zum Boot transportiert werden muss.

3.5 Elektromotoren

Elektronisch betriebene Motoren sind den Verbrennungsmotoren nicht nur in Hinblick auf ihre Umweltfreundlichkeit voraus. So besitzen sie in erster Linie einen deutlich höheren Wirkungsgrad: Werden in einem Verbrennungsmotor im Volllastbetrieb maximal 40 Prozent der im Kraftstoff enthaltenen Energie umgesetzt, so sind dies bei Elektromotoren über 90 Prozent. Im Teillastbetrieb, der in der Schifffahrt hauptsächlich vorkommt, verändert sich dieser Wirkungsgrad lediglich bei den Verbrennern: er sinkt bei diesen unter zehn Prozent (PALSTEK 2009:79).
Weitere Vorteile der Elektromotoren sind eine geringere Größe, sowie geringeres Gewicht und leichtere Montage. Sie sind meist komplett wartungsfrei – Öl- und Filterwechsel entfallen. Auch ermöglicht ein Elektromotor leichteres Manövrieren, da er schneller reagiert als ein Verbrenner. Es kann schneller beschleunigt bzw. gebremst werden, sodass bei neuesten Modellen sogar Heck- und Bugstrahlruder überflüssig werden. Zudem sind sie fast geräuschlos und produzieren keine Abgase. (PALSTEK 2009:81ff.).

Warum, stellt sich hier die Frage, haben Elektromotoren die Verbrenner noch nicht komplett ersetzt? Die Ursache hierfür kann jedenfalls nicht im Preis gefunden werden – Elektromotoren kosten bis zu 70 Prozent weniger als ein Verbrennungsmotor gleicher Leistung (PALSTEK 2009:81)
Der Grund liegt in der nicht weit genug entwickelten Speichertechnik von Strom. Häufige und langwierige Ladezeiten der Batterie halten viele vom Kauf eines Elektromotors ab (PALSTEK 2009:85).

5 Vergleich alternativer Energiequellen auf Segelyachten

Betrachtet man das Preis- Leistungsverhältnis und den Durchschnittstagesbedarf von 794,4 Wh der Beispielyacht in 2.2, ergeben sich folgende Berechnungen für alle vorgestellten Energieerzeuger:

Der bereits in 3.2.3 erwähnte Windgenerator SilentWind 400+ beginnt ab Windstärke zwei, Strom zu erzeugen. Das ergibt beispielsweise bei Windstärke 5 und der entsprechenden Leistung von 100 Watt 2kWh – also über ein vierfaches des Tagesbedarfs der Beispielyacht. Der SilentWind 400+-Generator kostet etwa 1390€ (SILENTWIND 2014:o.S.).
Auch der Energieertrag des Wassergenerators Hydrogenerator 300 ist ähnlich: er beträgt bei 120 W Leistung und 5 Knoten Geschwindigkeit gute 2,8kWh. Sein Preis liegt derzeit bei etwa 3390€ (SHIPSHOP 2014o.S.).
Unter den derzeit effektivsten Solarmodulen sind jene der S-Serie der Firma Solara. Hierbei handelt es sich um aluminiumgerahmte monokristalline Solarzellen mit einem Wirkungsgrad von über 20 Prozent. Die Module wurden mit einer speziellen Oberfläche versehen, die die Lichtreflexion reduziert und so auch bei bewölktem Himmel eine hohe Lichtausbeute erbringt. Sie erzeugen bei einer Modulgröße von 150 x 68 x 4 cm unter idealen Bedingungen bis zu 520 Wh pro Tag. Der Beispieltagesbedarf kann hier durch ein Modul allein also nicht abgedeckt werden. Der Preis liegt derzeit bei etwa 679€ (AWN 2014:o.S.).
Wie schon in 3.4.3 erwähnt, erzeugen einige Modelle der Brennstoffzellen bis zu 300 Amperestunden bzw. 7,2 kWh pro Tag – allerdings übertrifft der Preis mit über 3000-5000€ oft das Dreifache einer Solar- oder Windkraftanlage und ist dem der Wassergeneratoren am nächsten. Andererseits sind sie zuverlässiger als beispielsweise Solar- oder Windgeneratoren und liefern, solange genug Brennstoff vorhanden ist, wetterunabhängig Strom.
Elektromotoren übersteigen sowohl den Energieertrag als auch den Preis aller bisher vorgestellten Systeme. Strom kann je nach Modell mit einer Leistung von bis zu 70 Kilowatt erzeugt werden. Der Preis beläuft sich durchschnittlich mit allem nötigen Zubehör auf etwa 30.000 Euro (PALSTEK 2009:111).

Vergleicht man nur die Energieerzeuger Photovoltaik und Windkraft, lässt sich folgendes feststellen: Windgeneratoren sind im Gegensatz zu Solarmodulen bei Windstille nutzlos.

Andersherum erzeugt die Photovoltaik weniger Strom bei bewölktem Himmel, welcher wiederum die Windkraft nicht beeinträchtigt. Allerdings können Windgeneratoren anders als Solarmodule Tag und Nacht Strom erzeugen, was ihre Chancen auf ideale Wetterbedingungen zu treffen, erhöht (BIRKHOFF 2010:108).
Was die Lebensdauer der beiden Techniken betrifft, existieren derzeit noch keine genauen Angaben. Es wird aber davon ausgegangen, dass die Lebensdauer von Windkraftanlagen unter jener der Solarmodule liegt, da diese qualitativ sehr hochwertig sind und die sich bewegenden Bauteile der Windgeneratoren mit der Zeit verschleißen (PALSTEK 2007:103).

6 Fazit

Vorgestellt wurden die Umwelttechniken Photovoltaik, Windkraft, Wasserkraft, Brennstoffzellentechnik und Elektrotechnik mittels Elektromotoren. Es hat sich gezeigt, dass jede dieser Methoden Vor- und Nachteile besitzt: einige sind z.B. stark wetterabhängig, zu kostspielig oder in der Praxis schwer zu handhaben. Deshalb ist es schwierig aus ihnen die Effizienteste zu bestimmen.
Es kommt hier vor allem auf die individuelle Nutzung an: Soll der gesamte Strombedarf einer Yacht ausschließlich mit regenerativer Energietechnik gewonnen werden oder wird diese nur als Nebenquelle benötigt? Wird in südlichen Gewässern, wo die Anschaffung eines Solarmoduls am naheliegendsten wäre, gesegelt? Oder möchte man die Windenergie der Nordsee mittels eines Generators nutzen? Fragen wie diese sollte man sich vor der Kaufentscheidung stellen und entsprechende Berechnungen für den eigenen Energiebedarf durchführen. Denn wie im Text dargestellt, eignen sich einige Techniken je nach Nutzungszweck eher, als andere.
Vom Umweltaspekt her, muss beachtet werden, dass jeder alternative Energieerzeuger selbst unter Energie- und Ressourcenverbrauch hergestellt wird. Bei Solarmodulen ist es nicht immer gewährleistet, dass der Energieertrag höher ist, als die zur Herstellung verwendete Primärenergie (VOSWINCKEL & WESSELAK 2012:53). Ein weiteres Beispiel ist die Wasserstoffherstellung in der Brennstoffzellentechnologie. Der Energie- und Ressourcenverbrauch ist hier höher, als die durch die Zelle produzierte Energie.
Bei der Variante, bei der die Brennstoffzelle mit Apfelsäure und Salzlösung versorgt wird, ist dies nicht der Fall. Die Beschaffung der benötigten Energieträger ist machbar, das Preis-Leistungsverhältnis ist von allen genannten Techniken am günstigsten und die Methode ist wetterunabhängig, zuverlässig und umweltfreundlich.
Deshalb ist diese Umwelttechnik meiner Meinung nach effizienter, als alle anderen genannten. Dies gilt allerdings nur für den derzeitigen Wissensstand; denn alle Umwelttechniken unterliegen ständigen Innovationen.

Quellenverzeichnis

Literatur:

BODACH, S. & P. HENNICKE (2010): Energie Revolution. Effizienzsteigerung und erneuerbare Energien als neue globale Herausforderung. München: Oekom Verlag.

BUCHER, C., WITTENBERG P. & D. OESTERWIND (2013): Strom. Die Gigawatt-Revolution. Köln: Mic Agentur & Verlag.

GEITMANN, S. (2004): Erneuerbare Energien und Alternative Kraftstoffe. Mit neuer Energie in die Zukunft. Kremmen: Hydrogeit Verlag.

GIBER, J. & K-H. MÜLLER (2010^2): Erneuerbare (Alternative) Energien. Reale Zukunft der Energieversorgung, einschließlich Kernenergie. Aachen: Shaker Media.

GREIFF, W. (1996): Energiemanagement auf Segeljachten. Bordpraxis Elektrik. Stuttgart: Pietsch Verlag.

HANUS, B. (2007): Wie nutze ich Solar- und Windenergie in der Freizeit und im Hobby?. Poing: Franzis Verlag.

HEIER, S. (2012^6): Nutzung der Windenergie. Stuttgart: Fraunhofer IRB Verlag.

MERTENS, K. (2013): Photovoltaik. Lehrbuch zu Grundlagen, Technologie und Praxis. München: Carl Hanser Verlag.

SCHABBACH, T. & V. WESSELAK (2012): Energie. Die Zukunft wird erneuerbar. Technik im Fokus. Berlin, Heidelberg: Springer-Verlag.

SYNWOLDT, C. (2008): Mehr als Sonne, Wind und Wasser. Energie für eine neue Ära. Weinheim: Wiley-VCH Verlag.

VOSWINCKEL, S. & V. WESSELAK (2012): Photovoltaik. Wie Sonne zu Strom wird. Technik im Fokus. Berlin, Heidelberg: Springer-Verlag.

Zeitschriften/Zeitungen:

MÜLLER, B. (2012): Sonnige Zeiten. – Spektrum der Wissenschaft Spezial. 3, 6-24.

o.V. (2004): Brennstoffzellen. – Palstek 19, 5, 92-99.

o.V. (2007): Unter Strom. Alternative Energien. – Palstek 22, 2, 94-105.

o.V. (2007): Strom aus der Sonne. – Palstek 22, 2, 106-115.

o.V. (2009): Strom gibt Gas. Alternative Antriebssysteme. – Palstek 24, 4, 78-85.

o.V. (2009): Kraftwerke an Bord. Alternative Antriebssysteme. – Palstek 24, 5, 66-81.

o.V. (2009): Elektroantriebe – der Markt. – Palstek 25, 1, 106-113.

BIRKHOFF, M. (2010): Harte Bedingungen. – Palstek 25, 5, 108-115.

o.V. (2011): Shipshop. Neuheiten. – Palstek 26, 1, 185.

o.V. (2011): Shipshop. Neuheiten. – Palstek 26, 2, 150.

o.V. (2011): Shipshop. Neuheiten. – Palstek 26, 3, 155.

o.V. (2011): Sonnensaft. – Palstek 26, 5, 106-117.

PREUSS, O. (2014): Rückenwind für Hamburg. – Hamburger Abendblatt 66, 220, 31.

Internet:

AWN (2014): Technik, Bordelektrik, Solar. SOLARA-Modul-Serie-S. http://www.awn.de/Technik/Bordelektrik+Beleuchtung/Solar/SOLARA+Modul+Serie+S+520Wh+T+211238+awn.html> (Stand: 2014) (Zugriff: 07.09.2014)

DIMROTH, F. (2013): Weltrekord-Solarzelle mit 44,7 Prozent Wirkungsgrad. – Fraunhofer ISE, <http://www.ise.fraunhofer.de/de/presse-und-medien/presseinformationen/presseinformationen-2013/weltrekord-solarzelle-mit-44-7-prozent-wirkungsgrad> (Stand: 23.09.2013) (Zugriff: 09.06.2014)

PV-MAGAZINE (2014): Forschung und Entwicklung. Solar Frontier meldet neuen CIS-Dünnschicht-Wirkungsgradrekord. <http://www.pv-magazine.de/nachrichten/details/beitrag/solar-frontier-meldet-neuen-cis-dnnschicht-wirkungsgradrekord_100014760/> (Stand: 02.04.2014) (Zugriff: 09.06.2014)

BWE (Bundesverband Windenergie) (2014): Technik. Funktionsweise. <http://www.wind-energie.de/themen/technik/funktionsweise> (Stand: 2014) (Zugriff: 15.08.2014)

EFOY (2014): Efoy Comfort. Technische Daten. <http://www.efoy-comfort.com/de/technische-daten> (Stand: 2014) (Zugriff: 05.09.2014)

SHIPSHOP (2014): Aquair 100. <http://www.shipshop.de/produkte/energie-an-bord/wassergeneratoren/ampair-aquair.html> (Stand: 2014) (Zugriff: 24.08.2014)

SHIPSHOP (2014): Hydrogenerator Cruising 300.<http://www.shipshop.de/produkte/energie-an-bord/wassergeneratoren/wattsea-hydrogen.html> (Stand: 2014) (Zugriff: 25.08.2014)

SHIPHOP (2014): Hydromax Fuel Cell. <http://www.shipshop.de/produkte/energie-an-bord/brennstoffzellen/hydromax-fuel-cell.html> (Stand: 2014) (Zugriff: 05.09.2014)

SILENTWIND (2014): SilentWind Generator. <http://www.silentwindgenerator.de/3.html> (Stand: 09.09.2014) (Zugriff: 25.08.2014)

HZB (Helmholtz Zentrum Berlin) (2014): Schema einer PEM-Brennstoffzelle. Polymer-Elektrolyt-Membran-Brennstoffzellen (PEM-BZ). <http://www.helmholtz-berlin.de/forschung/oe/ee/solare-brennstoffe/arbeitsgebiete/photo-elektrochemie/sauerstoffreduktion/polymerelektrolytmembran-brennstoffzellen_de.html> (Stand: 11.06.2014) (Zugriff: 05.09.2014)

Vorträge

STOLZENBURG, K. (2013): Wasserstofftechnologie - heute und morgen. Ringvorlesung Umwelt-Technik, Stiftung Universität Hildesheim (2013-11-20 18 Uhr). Hildesheim: Institut für Technik.

Kritik vom Dozenten:

Ihre Arbeit war sehr sehr gut strukturiert und verständlich geschrieben. Im Vergleich zu den Ausführungen der übrigen Kapitel ist Ihr Fazit bzw. Ergebnis mir ein Tick zu kurz ausgefallen. Da Sie sich am Ende für die Brennstoffzelle, die mit der Apfelsäure betrieben wird, entschieden haben, hätten Sie diese Technologie vielleicht ein wenig genauer ausführen können. Nehmen Sie sich immer mehr Zeit für die "Diskussion", das diese oft kritischer begutachtet wird als die übrigen Kapitel. Sonst war ich mit Ihrer Arbeit sehr zufrieden.

Note: 1,3